essentials

Springer essentials sind innovative Bücher, die das Wissen von Springer DE in kompaktester Form anhand kleiner, komprimierter Wissensbausteine zur Darstellung bringen. Damit sind sie besonders für die Nutzung auf modernen Tablet-PCs und eBook-Readern geeignet. In der Reihe erscheinen sowohl Originalarbeiten wie auch aktualisierte und hinsichtlich der Textmenge genauestens konzentrierte Bearbeitungen von Texten, die in maßgeblichen, allerdings auch wesentlich umfangreicheren Werken des Springer Verlags an anderer Stelle erscheinen. Mit Vorwort, Abstracts, Keywords, Quellen- und Literaturverzeichnis bekommen die Leser „self-contained knowledge" in destillierter Form: Die Essenz dessen, worauf es als „State-of-the-Art" in der Praxis und/oder aktueller Fachdiskussion ankommt.

Martin Hinsch

Die neue ISO 9001:2015 in Kürze

Änderungen für den betrieblichen Alltag verständlich erklärt

Martin Hinsch
Hamburg
Deutschland
mh@9001revision.de

ISSN 2197-6708 ISSN 2197-6716 (electronic)
essentials
ISBN 978-3-658-12232-4 ISBN 978-3-658-12233-1 (eBook)
DOI 10.1007/978-3-658-12233-1

Die Deutsche Nationalbibliothek verzeichnet diese Publikation in der Deutschen Nationalbibliografie; detaillierte bibliografische Daten sind im Internet über http://dnb.d-nb.de abrufbar.

Springer Vieweg

Gedruckt auf säurefreiem und chlorfrei gebleichtem Papier

Springer Fachmedien Wiesbaden ist Teil der Fachverlagsgruppe Springer Science+Business Media (www.springer.com)

Vorwort

Die Reihe „essentials“ des Springer Verlags zielt auf Anwender aus der Praxis, die schnell anwendbares Wissen kompakt aufgearbeitet suchen und dabei einen Überblick in eine komplexe Thematik gewinnen wollen. Dies gilt auch für das vorliegende Buch.

Jedes einzelne Normenkapitel wird dazu thematisiert und alle wesentlichen Änderungen beschrieben. Ziel dieses Büchleins ist es, dem Leser das Wichtigste zur Normenumstellung in Kürze zu vermitteln. Es richtet sich damit vor allem an jene QM-Interessierte, die bereits Kontakt mit der alten ISO 9001:2008 hatten und nun kurz, knapp, präzise über alle für den betrieblichen Alltag wichtigen Neuerungen informiert werden möchten. Dass bei einem Kompaktwerk bisweilen die Detailtiefe leidet, erklärt sich von selbst. Hierzu verweise ich den Leser auf mein bekanntes Grundlagenwerk „Die neue ISO 9001:2015 - Ein Praxis-Ratgeber für die Normenumstellung“.

Hamburg, im Winter 2015

Martin Hinsch

Was Sie in diesem Essential finden können

- Erklärung wesentlicher Merkmale und Schwerpunkte der neuen ISO 9001:2015
- Darstellung des inhaltlichen Aufbaus/der Gliederung, insbesondere der neuen High-Level Structure
- Erläuterung der neuen Begriffe und Definitionen
- Kurze, prägnante Nennung und Erklärung der für den betrieblichen Alltag relevanten Änderungen der ISO 9001:2015 gegenüber der bisherigen Normrevision
- Unterstützung dabei, die alten Normenkapitel in der ISO 9001:2015 wiederzufinden
- Wenn sinnvoll, kurze Interpretation von Neuerungen und Änderungen

Inhaltsverzeichnis

1 Einleitung

Seit dem 23. September 2015 ist die ISO 9001:2015 veröffentlicht. Diese Normenrevision ist die größte Änderung der letzten 15 Jahre. Nun geht es für etwa 60.000 zertifizierte Organisationen allein in Deutschland darum, den Wechsel erfolgreich zu meistern.

Wenngleich ein wesentlicher Teil des bisherigen Inhalts weitestgehend unverändert übernommen wurde, bedarf der Übergang zur ISO 9001:2015 einer soliden Vorbereitung bei den betroffenen Organisationen wie auch bei den Zertifizierungsgesellschaften und deren Auditoren. Sie alle müssen sich mit den zahlreichen, z.T. wesentlichen Änderungen auseinandersetzen. Dabei gibt es nicht nur inhaltliche Anpassungen im Normentext, auch die Gliederung der Norm wurde erheblich geändert.

Dieses Büchlein ist in zwei wesentliche Teile gegliedert. Zunächst werden Normenstruktur und -aufbau sowie Haupt-Neuerungen, Kerncharakteristika, Zeitplan und Cross-Referenzen vorgestellt.

Der zweite Teil widmet sich dann den eigentlichen Änderungen auf Kapitelebene. Alle für den betrieblichen Alltag notwendigen Änderungen und Neuerungen werden einzeln für jedes Normenkapitel kurz und alltagsverständlich erklärt. Der Einfachheit halber ist der Text im zweiten Hauptteil (ab Kap. 4) analog zur Struktur der neuen ISO 9001 gegliedert. Wo immer anwendbar, wurde dieses Vorgehen bis auf Aufzählungsebene angewendet.

Sprachliche Umformulierungen oder in Nuancen geänderte Inhalte der Norm blieben weitestgehend unberücksichtigt, wenn dadurch kein Einfluss auf den Zertifizierungsalltag zu erwarten ist. Die an jedem Kapitelanfang genannten Prozentwerte zur Klassifizierung des Änderungsumfangs beruhen auf eigenen Einschätzungen.

M. Hinsch, *Die neue ISO 9001:2015 in Kürze*, essentials,
DOI 10.1007/978-3-658-12233-1_1

Aus urheberrechtlichen Gründen war das Abdrucken des Normen-Originaltextes nicht möglich. Insoweit ist dieses Buch nur eine Ergänzung, jedoch keine Alternative zum eigentlichen ISO 9001:2015-Text.

2 Aufbau und Grundprinzipien der ISO 9001:2015

2.1 Änderungen, Aufbau und Struktur

Beim ersten Blick in die ISO 9001:2015 fällt jedem Normenkenner umgehend die Ausweitung der Hauptkapitel ins Auge. Während die ISO 9001:2008 in acht übergeordnete Normenkapitel gegliedert war, wurde die 2015er-Revision auf zehn Hauptkapitel ausgeweitet. Damit einhergehend ist die Kapitelstruktur neu geordnet worden (vgl. Tab. 2.1).

Diese strukturelle Neuordnung ist – jenseits aller inhaltlichen Änderungen – dem Bestreben der ISO-Organisation geschuldet, einen normenübergreifenden Managementsystemstandard einzuführen. So werden ISO System-/Management-normen künftig eine einheitliche Basiskapitelstruktur, die sog. *High Level Structure*, aufweisen (siehe Abb. 2.1). Punktuell kommt es dabei sogar zu einer Angleichung der Normentexte und Begrifflichkeiten. Die High Level Structure wird Organisationen und Auditoren die Arbeit bei Mehrfach-Zertifizierungen erleichtern, weil sie eine konsolidierte Darstellung des eigenen QM-Systems vereinfacht. Eine Verpflichtung, diesen neuen Aufbau in der eigenen QM-Dokumentation zu übernehmen, besteht jedoch nicht. Es wird von den Auditoren aber gewiss positiv aufgenommen werden, da es ihnen die Arbeit erleichtert.

2.2 Bedeutende inhaltliche Änderungen

Wenngleich etwa Dreiviertel aller Normenanforderungen unverändert aus der ISO 9001:2008 übernommen wurden, weist die 2015er-Revision immer noch rund 25 % geänderte und neue Anforderungen auf. Dazu zählen folgende erstmals gänzlich neu aufgenommene Themenkomplexe, für die in der Norm neue und eigene Kapitel geschaffen wurden:

M. Hinsch, *Die neue ISO 9001:2015 in Kürze*, essentials,
DOI 10.1007/978-3-658-12233-1_2

Tab. 2.1 Basisstruktur ISO 9001:2008 vs. ISO 9001:2015

ISO 9001:2008		ISO 9001:2015	
0	Einleitung	0	Einleitung
1	Anwendungsbereich	1	Anwendungsbereich
2	Normative Verweisungen	2	Normative Verweisungen
3	Begriffe	3	Begriffe
4	Qualitätsmanagementsystem	4	Kontext der Organisation
5	Verantwortung der obersten Leitung	5	Führung
		6	Planung
6	Management von Ressourcen	7	Unterstützung
7	Produktrealisierung	8	Betrieb
8	Messung, Analyse und Verbesserung	9	Bewertung der Leistung
		10	Verbesserung

4.1 Verstehen der Organisation und ihres Kontextes
4.2 Verstehen der Erfordernisse und Erwartungen interessierter Parteien
5 Führung (als Überschrift Kap. 5) sowie einige Anforderungen in Kap. 5.1
6.1 Maßnahmen zum Umgang mit Risiken und Chancen
7.1.6 Wissen der Organisation
8.5.6 Überwachung von Änderungen

Die bedeutendste Neuerung ist eine in den Kapiteln 4.1 und 4.2 erstmals eingeführte begrenzte strategische Komponente. Die Geschäftsleitung muss sich zukünftig darüber im Klaren sein, was die Organisation aus strategischer Perspektive im Inneren wie auch von Außen bewegt. Sie muss ein Bewusstsein dafür entwickeln, welche Kunden und andere externen Personen, Gruppen und Institutionen (sog. *interessierte Parteien*) mit welchen Zielen Einfluss auf die eigene Leistungserbringung im Allgemeinen und auf das QM-System im Speziellen nehmen. Der 2015er-Normenansatz weist mit dieser Anforderung in eine neue Richtung, hin zu einer Strategie- und Stakeholder-Orientierung und einer Forderung nach stärkerer Nachhaltigkeit im eigenen Handeln.

Eine der bedeutendsten *Änderungen* (an früheren Anforderungen) beinhaltet Kap. 5 Führung. Hier zielt die Norm auf Leadership ab, also der Fähigkeit, Mitarbeiter zu motivieren und zu bewegen, Dinge zu tun, die die Organisation ihrer Ziele näher bringt. Dies wird in der 2015er Revision stärker betont. So kommt es künftig darauf an, dass Mitarbeiter ihre Aufgaben und Tätigkeiten nicht nur ausführen, sondern auch verstehen. Dies alles ist vom Grundsatz nicht neu. Im Fokus steht nun aber die Pflicht, neben Wissen ebenfalls Zusammenhänge zu vermitteln und so sicherzustellen, dass das Personal vom Management „mitgenommen" wird. Inhalte sollen von allen Mitarbeitern verstanden, d. h. gedanklich verankert werden. Am Ende jedoch bleibt die Norm hier allzu vage, so dass die Auswirkungen auf den betrieblichen Alltag wohl gering bleiben werden.

4 Kontext der Organisation

4.1 Verstehen der Organisation und ihres Kontextes

4.2 Verstehen der Erfordernisse und Erwartungen interessierter Parteien

4.3 Festlegen des Anwendungsbereichs des Qualitätsmanagementsystems

4.4 XXX [Anforderungen des jeweiligen] Managementsystem

5 Führung

5.1 Führung und Verpflichtung

5.2 Politik

5.3 Rollen, Verantwortlichkeiten und Befugnisse in der Organisation

6 Planung

6.1 Maßnahmen zum Umgang mit Risiken und Chancen

6.2 XXX [Anforderungen des jeweiligen Managementsystems] Ziele und Planung zur deren Erreichung

7 Unterstützung

7.1 Ressourcen

7.2 Kompetenz

7.3 Bewusstsein

7.4 Kommunikation

7.5 Dokumentierte Information

8 Betrieb

8.1Betriebliche Planung und XXX [Anforderungen des jeweiligen Managementsystems]

9 Bewertung der Leistung

9.1 Überwachung, Messung, Analyse und Bewertung

9.2 Internes Audit

9.3 Managementbewertung

10 Verbesserung

10.1 Allgemeines

10.2 Nichtkonformität und Korrekturmaßnahmen

Abb. 2.1 High level structure für ISO-Managementsysteme

Parallel zu diesen Anpassungen weist die neue ISO 9001 folgende inhaltliche Änderungen auf, die konkreten Handlungsbedarf in den Organisationen auslösen können:

- Allgemeine Änderungen
  - Insgesamt gewinnen Dienstleistungen an Bedeutung. Gerade im früheren Kap. 7 führten diese bei vielen Anforderungen ein stiefmütterliches Dasein, obgleich Dienstleistungen in vielen Organisationen einen größeren Anteil an der Wertschöpfung ausmachen als die Produktion. Die Dienstleistung steht nun über alle Kapitel gleichberechtigt neben der Produktion.
  - Ausschlüsse wurden formal abgeschafft. Es sind jetzt ggf. *Ungültigkeiten* im Anwendungsbereich festzulegen.
- Änderungen am QM-System
  - Formal ist kein QM-Beauftragter mehr erforderlich. Dessen bisherige Verantwortung für Qualität trägt künftig die Geschäftsleitung. Die QMB-Aufgaben, die in etwa gleich geblieben sind, dürfen beliebig auf mehrere Mitarbeiter verteilt werden.
  - Qualitätsziele gewinnen an Bedeutung. Notwendig ist ein klares, systematisches Vorgehen zur Zielerreichung.
  - Risiken und Chancen (risikobasierter Ansatz) müssen explizit Berücksichtigung finden. Dies geschieht mittels Risikoidentifizierung und -bewertung sowie Maßnahmenergreifung.
- Unterstützung:
  - Die Notwendigkeit eines Bewusstseins für Qualität gewinnt an Bedeutung. QM-, Risiko-, Prozess- und Kundenorientierung müssen vom Personal nicht nur zur Kenntnis, sondern auch verstanden und gelebt werden. Daher wurden die Anforderungen an ein angemessenes Bewusstsein präzisiert.
  - Das kumulierte Wissen der Organisation gilt als eigene, angemessen zu berücksichtigende Ressource.
- Dokumentierte Information:
  - Die Begriffe Dokumente und Aufzeichnungen wurden zu sog. „dokumentierten Informationen“ zusammengefasst.
  - Wechselseitige Übertragung der Normanforderungen, die bisher nur für Dokumente oder nur für Aufzeichnungen galten.
  - Die Notwendigkeit zum Führen eines QM-Handbuch ist entfallen.
  - Es ist die explizite Verpflichtung entfallen, die sechs bisher verpflichtend zu dokumentierenden Verfahren vorzuhalten.
- Entwicklung:
  - Bestimmung auch solcher Eingaben, die die Durchführung des Entwicklungs*prozesses* betreffen (nicht nur Eingaben für Produkt-/Dienstleistung).

  - Verpflichtung der Organisation, sich potenzieller Fehler aufgrund der Art der Produkte und Leistungen bewusst zu werden.
- Beschaffung:
  - Berücksichtigung der Kontrolle von ausgelagerten Leistungen. Diese stehen nun gleichgestellt neben zugekauften Produkten.
- Produktion und Dienstleistungserbringung:
  - Berücksichtigung des Eigentums von Lieferanten (externe Anbieter).
  - Bedeutungszuwachs von After-Sales-Anforderungen durch ein eigenes Kapitel, u. a. auch Präzisierung von Faktoren, die im Zuge der Festlegung von Tätigkeiten nach der Auslieferung zu beachten sind.
  - Änderungen, die in die Wertschöpfung eingesteuert werden, müssen kontrolliert gemanagt werden.
  - Nicht mehr allein fehlerhafte Produkte sind zu steuern, sondern auch nichtkonforme Dienstleistungen und Prozessergebnisse.
- Managementbewertung:
  - In der Managementbewertung sind zukünftig auch die betrieblichen Chancen und Risiken zu thematisieren.
  - Es ist eine Bewertung der eingesetzten Ressourcen vorzunehmen.
  - Es sind Entwicklungen bei Lieferanten und interessierten Parteien zu bewerten.
- Verbesserung:
  - Verpflichtung zur Prüfung, ob identifizierte Fehler auch an anderer Stelle aufgetreten sind oder entstehen können.

Bei einer Priorisierung der Top-Normen-Neuerungen könnte die Liste durch die folgenden Themenfelder angeführt werden:

- Ansätze einer Strategie- und Stakeholder-Orientierung,
- Risikobasierter Ansatz,
- Stärkere Verpflichtung der Geschäftsleitung durch stärkerem Fokus auf Leadership,
- Gleicher Fokus auf Dienstleistung und Produktion,
- Bedeutungsgewinn ausgelagerter Prozesse.

2.3 Neue Begriffe

Mit der ISO-Revision haben auch einige neue Begrifflichkeiten Einzug gehalten (vgl. Tab. 2.2). Diese neuen Begriffe müssen jedoch nicht in die eigene QM-Dokumentation übernommen oder gar im betrieblichen Alltag verwendet werden.

Tab. 2.2 Neue Begriffe

Neuer Begriff	Bisherige Benennung
Relevante interessierte Parteien	Personen oder Institutionen, die mit ihrem Handeln Einfluss auf die Leistungserbringung der Organisation nehmen, z. B. Dritt- oder Endkunden, Lieferanten, Gewerkschaften, Verbände, Bürgerinitiativen, Kammern und Verbände sowie Wettbewerber, Kapitalgeber und Partner, aber auch Think Tanks oder Medien
Dokumentierte Information	Dokumente und Aufzeichnungen
Externe Anbieter	Sammelbegriff für Lieferant, Zulieferer, Subunternehmer, Fremdfirma, verbundene Unternehmen, wie z. B. Tochter-, Schwester- oder Muttergesellschaften (außerhalb des eigenen Zertifizierungsumfangs)
Externe Bereitstellungen	Beschaffung
Fortlaufende Verbesserung	Ständige/kontinuierliche Verbesserung
Begriffe der neuen ISO DIN 17021	
Wesentliche Nichtkonformität	Hauptabweichung
Untergeordnete Nichtkonformität	Nebenabweichung

2.4 Zeitplan

Die neue ISO 9001 wurde im September 2015 veröffentlicht. Seitdem können sich Organisationen nach der neuen Norm zertifizieren lassen. Bis September 2018 besteht nun eine Wahlfreiheit, neue Rezertifizierungszyklen nach der alten ISO 2009:2008 oder nach der neuen 2015er-Revision zu beginnen. Erfolgt die Rezertifizierung jedoch auf Basis der alten ISO 9001:2008, so endet die Zertifikatslaufzeit automatisch mit Ende des Umstellungszeitraums am 15. September 2018.

2.5 Kerncharakteristika

Prozessorientierung

Die ISO 9001 verfolgt seit ihrer großen Revision im Jahr 2000 den Ansatz des prozessorientierten Qualitätsmanagements, welcher mit der aktuellen Revision nicht nur übernommen, sondern dahingehende Anforderungen punktuell nochmals deutlicher formuliert wurden. Für eine ISO-Zertifizierung ist daher ein grundlegendes Verständnis des und Umsetzung eines prozessbasierten Organisationsaufbaus mehr denn je nötig.

Kundenorientierung

Wesentlicher Baustein bleibt auch künftig die Kundenorientierung. Ausgangspunkt dafür bildet eine konsequente Prozessausrichtung der eigenen Organisation. Die heutigen Grundbedürfnisse der Kunden wie Flexibilität, kurze Reaktionszeiten, angemessene Kundenkommunikation und niedrige Preise lassen sich nur durch eine Leistungserbringung erzielen, die sich eng am natürlichen Wertschöpfungsfluss orientiert.

Risikobasiertes Denken

Eine neue Kernanforderung ist die vor allem in Kap. 6.1 formulierte Risikoorientierung durch risikobasiertes Denken und Handeln, welches künftig in jeder Organisation erkennbar sein muss. Ziel ist die bewusste und durchdachte Auseinandersetzung mit den betrieblichen Risiken (und Chancen), insbesondere solchen, die direkten oder indirekten Einfluss auf die Organisationsziele haben. Zu den wesentlichen Aufgaben gehört es, Risiken rechtzeitig zu erkennen und durch gezielte Maßnahmen unter Kontrolle zu halten bzw. wo immer möglich, zu eliminieren. Hier werden Charaktermerkmale eines Risikomanagementsystems deutlich, so dass eine Abgrenzung zu einer, wie in der Norm geforderten, systematischen Risikoorientierung nicht immer leicht möglich ist.

3 Kapitelübergänge/Querverweisliste

Tabelle 3.1 stellt den Übergang der Normenkapitel aus der ISO 9001:2008 zur 2015er-Revision detailliert bis in die dritte Gliederungsebene dar. Ein 1:1-Übergang fiel dabei bisweilen schwer, so dass stellenweise jene QM-Kapitel gegenübergestellt wurden, die die höchste Ähnlichkeit aufweisen.

M. Hinsch, *Die neue ISO 9001:2015 in Kürze,* essentials,
DOI 10.1007/978-3-658-12233-1_3

Tab. 3.1 Kapitelübergänge ISO 9001:2008 vs. ISO 9001:2015

ISO 9001:2008			ISO 9001:2015	
4	Qualitätsmanagementsystem		4	
4.1	Qualitätsmanagementhandbuch	⇒	4.4	Qualitätsmanagement und dessen Prozesse
			5.3	Rollen, Verantwortlichkeiten und Befugnisse der Organisation
4.2	Dokumentationsanforderungen	⇒	7.5	Dokumentierte Information
4.2.2	Qualitätsmanagementhandbuch	⇒	4.3	Zusätzlich: Anforderungen Festlegung des Anwendungsbereichs des QM-Systems
5	Verantwortung der obersten Leitung	⇒	5	Führung
5.1	Verpflichtung der obersten Leitung	⇒	5.1.1	Führung und Verpflichtung für das Qualitätsmanagementsystem
5.2	Kundenorientierung	⇒	5.1.2	Kundenorientierung
5.3	Qualitätspolitik	⇒	5.2	Qualitätspolitik
			5.1.1	Führung und Verpflichtung für das Qualitätsmanagementsystem
5.4	Planung			
5.4.1	Qualitätsziele	⇒	6.2	Qualitätsziele und Planung zu deren Erreichung
5.4.2	Planung des Qualitätsmanagementsystems	⇒	5.1.1	Führung und Verpflichtung für das Qualitätsmanagementsystem
			6.3	Planung von Änderungen (nur b)
5.5	Verantwortung, Befugnis und Kommunikation	⇒	5.3	Rollen, Verantwortlichkeiten und Befugnisse der Organisation
5.5.1	Verantwortung und Befugnis	⇒	5.3	Rollen, Verantwortlichkeiten und Befugnisse der Organisation
5.5.2	Beauftragter der obersten Leitung	⇒	5.3	Rollen, Verantwortlichkeiten und Befugnisse der Organisation
5.5.3	Interne Kommunikation	⇒	7.4	Kommunikation
5.6	Managementbewertung	⇒	9.3	Managementbewertung
6	Management von Ressourcen	⇒	7.1	Ressourcen
6.1	Bereitstellung von Ressourcen	⇒	7.1.1	Allgemeines (Ressourcen)
			7.1.2	Personen
6.2	Personelle Ressourcen			
6.2.1	Allgemeines	⇒	7.1.2	Personen
6.2.2	Fähigkeit, Bewusstsein und Schulung	⇒	7.2	Kompetenz
			7.3	Bewusstsein
6.3	Infrastruktur	⇒	7.1.3	Infrastruktur

Tab. 3.1 (Fortsetzung)

ISO 9001:2008			ISO 9001:2015	
6.4	Arbeitsumgebung	⇒	7.1.4	Umgebung zur Durchführung von Prozessen
7	Produktrealisierung	⇒	8	Betrieb
7.1	Planung der Produktrealisierung	⇒	8.1	Betriebliche Planung und Steuerung
7.2	Kundenbezogene Prozesse	⇒	8.2	Bestimmen von Anforderungen an Produkte und Dienstleistungen
7.2.1	Ermittlung der Anforderungen in Bezug auf das Produkt	⇒	8.2.3 (8.2.2)	Bestimmen von Anforderungen in Bezug auf Produkte und Dienstleistungen
7.2.2	Bewertung der Anforderungen in Bezug auf das Produkt	⇒	8.2.4	Überprüfung von Anforderungen in Bezug auf Produkte und Dienstleistungen
7.2.3	Kommunikation mit den Kunden	⇒	8.2.1	Kommunikation mit den Kunden
7.3	Entwicklung	⇒	8.3	Entwicklung von Produkten und Dienstleistungen
7.3.1	Entwicklungsplanung	⇒	8.3.2	Entwicklungsplanung
			8.3.1	Allgemeines (Entwicklung)
7.3.2	Entwicklungseingaben	⇒	8.3.3	Entwicklungseingaben
7.3.3	Entwicklungsergebnisse	⇒	8.3.5	Entwicklungsergebnisse
7.3.4	Entwicklungsbewertung	⇒	8.3.4	Entwicklungssteuerung
7.3.5	Entwicklungsverifizierung	⇒	8.3.4	Entwicklungssteuerung
7.3.6	Entwicklungsvalidierung	⇒	8.3.4	Entwicklungssteuerung
7.3.7	Lenkung von Entwicklungsänderungen	⇒	8.3.6	Entwicklungsänderungen
7.4	Beschaffung	⇒	8.4	Kontrolle von extern bereitgestellten Produkten und Dienstleistungen
7.4.1	Beschaffungsprozess	⇒	8.4.1	Allgemeines
7.4.2	Beschaffungsangaben	⇒	8.4.3	Informationen für externe Anbieter
7.4.3	Verifizierung von beschafften Produkten	⇒	8.4.2	Art und Umfang der Kontrolle von externen Bereitstellungen
7.5	Produktion und Dienstleistungserbringung	⇒	8.5	Produktion und Dienstleistungserbringung
7.5.1	Lenkung der Produktion und Dienstleistungserbringung	⇒	8.5.1	Steuerung der Produktion und Dienstleistungserbringung
7.5.2	Validierung der Prozesse zur Produktion und zur Dienstleistungserbringung	⇒	8.5.1g)	Steuerung der Produktion und Dienstleistungserbringung
7.5.3	Kennzeichnung und Rückverfolgbarkeit	⇒	8.5.2	Kennzeichnung und Rückverfolgbarkeit

Tab. 3.1 (Fortsetzung)

ISO 9001:2008			ISO 9001:2015	
7.5.4	Eigentum des Kunden	⇒	8.5.3	Eigentum der Kunden oder externen Anbieter
7.5.5	Produkterhaltung	⇒	8.5.4	Erhaltung
7.6	Lenkung von Überwachungs- und Messmitteln	⇒	7.1.5	Ressourcen zur Überwachung und Messung
8	Messung, Analyse und Verbesserung		9	Bewertung der Leistung
8.1	Allgemeines	⇒		
8.2	Überwachung und Messung	⇒	9.1	Überwachung, Messung, Analyse und Bewertung
8.2.1	Kundenzufriedenheit	⇒	9.1.2	Kundenzufriedenheit
8.2.2	Internes Audit	⇒	9.2	Internes Audit
8.2.3	Überwachung und Messung von Prozessen	⇒	9.1.1	Allgemeines (Überwachung, Messung, Analyse und Bewertung)
8.2.4	Überwachung und Messung des Produktes	⇒	8.6	Freigabe von Produkten und Dienstleistungen
			9.1.1	Allgemeines
8.3	Lenkung fehlerhafter Produkte	⇒	8.7	Steuerung nichtkonformer Prozessergebnisse, Produkte und Dienstleistungen
8.4	Datenanalyse	⇒	9.1.3	Analyse und Beurteilung
8.5	Verbesserung	⇒	10	Verbesserung
8.5.1	Ständige Verbesserung	⇒	10.3	Fortlaufende Verbesserung
			10.1	Allgemeines (Verbesserung)
8.5.2	Korrekturmaßnahmen	⇒	10.2	Non-Konformitäten und Korrekturmaßnahmen
			10.1	Allgemeines (Verbesserung)
8.5.3	Vorbeugungsmaßnahmen	⇒	10.1	Allgemeines (Verbesserung)

4 Kontext der Organisation

4.1 Verstehen der Organisation und ihres Kontextes

ÜBEREINSTIMMUNG MIT DER ISO 9001:2008:

0 %

BISHERIGES NORMENKAPITEL:

keines

ÄNDERUNGEN:

Die neue ISO 9001 enthält an einigen Stellen erstmals strategieorientierte Bestandteile, denn vielen Organisationen, gerade kleinen und mittleren Unternehmen, fehlt eine *strukturierte* langfristige Ausrichtung. Ursächlich ist ein mangelndes Bewusstsein dafür, wo die Reise die nächsten drei oder mehr Jahre hingehen soll und welchen Einfluss das Umfeld auf den Erfolg der Organisation hat. Die Einstellung ist in zu vielen Organisationen vom Leitmotiv „We will do it, as we always did" geprägt.

In den meisten Industrieländern sind die Märkte jedoch überwiegend durch Verdrängung und seltener durch Wachstum geprägt. Die Fähigkeit und Bereitschaft, sich angemessen mit internen und externen Einflussfaktoren und mit deren Einfluss auf die eigene Leistungserbringung und das QM-System auseinanderzusetzen, ist für jede Organisation daher eine Existenzfrage.

Diesem Spannungsfeld widmet sich das gänzlich neue Normenkapitel 4.1. Erstmals enthält die Norm hier eine Anforderung, dass sich Organisationen mit der eigenen Position innerhalb des Marktes oder der Gesellschaft auseinandersetzen müssen. Des Weiteren besteht zukünftig die Vorgabe, interne Themen zu beleuchten, die maßgeblichen Einfluss auf die Organisationsentwicklung haben. Dabei legt Kap. 4.1 den Fokus auf die Reflexion und Bestimmung folgender Aspekte aus strategischer/langfristiger Sicht:

M. Hinsch, *Die neue ISO 9001:2015 in Kürze*, essentials,
DOI 10.1007/978-3-658-12233-1_4

- Organisationszweck
- Betriebliche Ausrichtung in Gegenwart und Zukunft,
- Allgemeiner Einfluss des internen und externen Umfelds der Organisation hinsichtlich Leistungserbringung, QM-System und der Qualitätsziele.

In Käufermärkten geht es auch darum, dass sich Organisationen darüber im Klaren sind, mit welchen Qualitätsmerkmalen sie trumpfen können und wie bzw. wo sie einzigartig gegenüber den Wettbewerbern sind. Nur wenn eine Organisation Antworten auf diese Fragen geben kann, ist es möglich, sich im eigenen Umfeld strategisch so auszurichten, um die selbst gesteckten Ziele nachhaltig zu erreichen. Weitere Hinweise und Umsetzungstipps zum Kap. 4.1 liefert Hinsch (2015).

4.2 Verstehen der Erfordernisse und Erwartungen interessierter Parteien

ÜBEREINSTIMMUNG MIT DER ISO 9001:2008:

0 %

BISHERIGES NORMENKAPITEL:

keines

ÄNDERUNGEN:

In diesem Normenkapitel richtet sich der Blickwinkel auf alle Institutionen, Gruppierungen oder Personen, die direkt oder indirekt von außerhalb der Organisation Einfluss auf die eigene Leistungserbringung nehmen. Bei diesen, als *relevante interessierte Parteien* bezeichneten Einflussnehmern (Stakeholder) kann es sich z.B. um direkte oder indirekte Kunden, Lieferanten, Gewerkschaften, Verbände, Initiativen oder Kammern, aber auch um Wettbewerber, Kapitalgeber oder Medien handeln. Während also Kap. 4.1 Anforderungen an die dinglichen Einflussfaktoren der Organisation formuliert, fordert Kap. 4.2 dazu auf, die Verantwortlichen einschließlich deren Einfluss zu kennen und zu berücksichtigen.

Durch das Wissen um den Kontext der Organisation (Kap. 4.1) einerseits und die Kenntnis um die interessierten Parteien (Kap. 4.2) andererseits soll ein Bewusstsein vor allem für die strategischen Einflussgrößen im Rahmen der eigenen Leistungserbringung sichergestellt werden. Das Bewusstsein soll dazu dienen, Handlungsbedarf abzuleiten oder aber nur festzustellen, dass seitens der jeweils betrachteten interessierten Partei oder dem Kontext der Organisation aktuell kein Einfluss auf den Geschäftszweck oder das QM-System besteht. Im Vordergrund steht somit die dauerhafte Beobachtung und Reflexion der Zusammenhänge und Wechselwirkungen im Marktumfeld durch die Geschäftsleitung. Es geht damit nicht notwendigerweise um ein mögliches Eingreifen, sondern vor allem um eine kontinuierliche Markt- bzw. Stakeholder-Beobachtung.

4.3 Festlegung des Anwendungsbereichs des QM-Systems

ÜBEREINSTIMMUNG MIT DER ISO 9001:2008:
75 %
BISHERIGES NORMENKAPITEL:

- Kap. 4.2.2 a) – Qualitätsmanagementhandbuch und
- Kap. 1.2 – Anwendung

ÄNDERUNGEN:
Der Anwendungsbereich umfasst künftig nicht nur den / die betrieblichen Standorte, sondern auch eine Festlegung des Leistungsspektrums (Produkte bzw. Dienstleistungen).

Ausschlüsse wurden mit der neuen Norm abgeschafft. Aber auch zukünftig ist es zulässig, nicht anwendbare Anforderungen von der Anwendung zu exkludieren. Hierzu wird künftig von *Ungültigkeiten* im Anwendungsbereich gesprochen. Diese sind zu begründen und zu dokumentieren.

Während Ausschlüsse bisher auf Kap. 7 begrenzt waren, finden sich keine derartigen Beschränkungen in der neuen Normenrevision. Die Möglichkeit zur Eingrenzung des Geltungsbereichs ist in der ISO 9001:2015 weiter gefasst: Ungültigkeiten sind nur dann zulässig, wenn die auszuschließenden Normenbestandteile nicht das QM-System, die Kundenzufriedenheit bzw. die Produkt- oder Dienstleistungskonformität tangieren.

4.4 Qualitätsmanagement und dessen Prozesse

ÜBEREINSTIMMUNG MIT DER ISO 9001:2008:
90 %
BISHERIGES NORMENKAPITEL:
Kap. 4.1 – Allg. Anforderungen an das QM-System
ÄNDERUNGEN:
Das Kap. 4.4 formuliert Anforderungen an die Basiselemente eines QM-Systems, wobei die Ähnlichkeit mit dem bisherigen Kap. 4.1, trotz neuer Formulierungen, sehr hoch ist. Gänzlich neu sind die Forderungen nach der

- Bestimmung von Prozessin- und outputs (Kap. 5.1.1 a),
- Zuweisung von Verantwortlichkeiten und Befugnissen (Kap. 5.1.1 a) sowie
- Berücksichtigung von Chancen und Risiken (Kap. 5.1.1 f).

Mit Ausnahme der Bestimmung von Prozessin- und outputs finden sich alle Anforderungen der Aufzählung Kap. 5.1.1 a) – h) im weiteren Verlauf der Norm erneut wieder und oftmals detaillierter.

Im letzten Absatz dieses Normenkapitels findet sich noch die Anforderung, dass Vorgabe- und Nachweisdokumentation einen Umfang aufzuweisen hat, welcher die Leistungserbringung (auch im Nachhinein) für Dritte (z. B. neue Mitarbeiter, Auditoren) nachvollziehbar macht.

Führung 5

5.1 Führung und Verpflichtung

5.1.1 Allgemeines

ÜBEREINSTIMMUNG MIT DER ISO 9001:2008:
70 %
BISHERIGES NORMENKAPITEL:

- 5.1 Verpflichtung der obersten Leitung
- 5.3 Qualitätspolitik
- 5.4.2 Planung des Qualitätsmanagementsystems

ÄNDERUNGEN:
Das Thema Führung ist mit der neuen Normenrevision erstmals und als eigenes Kapitelelement aufgenommen worden. Führung ist dabei mit *Leadership* gleichzusetzen, also der Fähigkeit, Mitarbeiter zu motivieren und dazu zu bewegen (in Normensprache: Personen einsetzen, anleiten, unterstützen), die Organisationsziele im Auge zu behalten. Hier steht primär die Geschäftsleitung in der Verantwortung. Es geht hier um die Schaffung von Verständnis und Bewusstsein dafür, wohin das Management die Mitarbeiter mitnehmen will und was dazu von jedem Einzelnen erwartet wird. Im Hinblick auf den einzuschlagenden Weg bleibt der Normentext beim Thema Führung und Leadership jedoch unpräzise und formuliert damit auch keine Erwartungen, wie diese Anforderung („Führung zeigen“) zu erfüllen ist. Die in der Aufzählung 5.1.1 h) und j) zur Führung formulierten Vorgaben behalten damit einen oberflächlichen Charakter, aus der sich in einem Zertifizierungsaudit nur schwerlich eine Abweichung formulieren lässt.

M. Hinsch, *Die neue ISO 9001:2015 in Kürze*, essentials,
DOI 10.1007/978-3-658-12233-1_5

Die weiteren in der Aufzählung a) – j) des Normenkapitels 5.1.1 festgelegten Anforderungen sind vom Grundsatz nicht neu und werden überdies an anderer Stelle der Norm nochmals detaillierter formuliert. Eine Ausnahme bildet 5.1.1 d), nach der deutlicher als bisher die Vermittlung der Prozessorientierung sowie des neu aufgenommen risikobasierten Ansatz gefordert wird.

5.1.2 Kundenorientierung

ÜBEREINSTIMMUNG MIT DER ISO 9001:2008:

90 %

BISHERIGES NORMENKAPITEL:

Kap. 5.2 Kundenorientierung

ÄNDERUNGEN:

Die Vorgaben zur Kundenorientierung wurden präzisiert. So sind Kundenanforderungen nicht mehr nur zu ermitteln und zu erfüllen. Fortan wird auch bereits an dieser Stelle die Berücksichtigung gesetzlicher Anforderungen gefordert. Darüber hinaus müssen künftig die Chancen und Risiken, die die Kundenzufriedenheit beeinflussen, betrachtet werden. Bei diesen Vorgaben besteht eine hohe Redundanz zu den Normenkapiteln 6.1 (Chancen und Risiken) und 8.2.3 (Bewertung der Kundenanforderungen) sowie 10 (Verbesserung), in denen die zugehörigen Vorgaben detaillierter formuliert sind.

5.2 Qualitätspolitik

ÜBEREINSTIMMUNG MIT DER ISO 9001:2008:

85 %

BISHERIGES NORMENKAPITEL:

Kap. 5.3 Qualitätspolitik

ÄNDERUNGEN:

Es wird neuerdings explizit darauf hingewiesen, dass die Qualitätspolitik eine Leitlinie für die strategische Ausrichtung bilden soll (Kap. 5.2.1 a).

Die Q-Politik muss zukünftig explizit als dokumentierte Information (d.h. im Normalfall schriftlich) vorliegen. Darüber hinaus muss die Q-Politik ggf. („soweit angemessen“) interessierten Parteien verfügbar gemacht werden.

5.3 Rollen, Verantwortlichkeiten und Befugnisse der Organisation

ÜBEREINSTIMMUNG MIT DER ISO 9001:2008:

50 %

BISHERIGES NORMENKAPITEL:

- Kap. 5.5.1 Verantwortung und Befugnis
- Kap. 5.5.2 Beauftragter der obersten Leitung
- Kap. 4.1 Allgemeine Anforderungen

ÄNDERUNGEN:

Die Geschäftsleitung erhält mit der 2015er-Normenrevision die Aufgabe, Verantwortlichkeiten und Befugnisse für wesentliche QM-Aktivitäten (vgl. Aufzählung Kap. 5.3 a) – e)) festzulegen. Diese Verantwortung wurde in der alten Norm konsolidiert dem „Beauftragten der obersten Leitung“ übertragen. In der neuen Norm wurde die QM-Verantwortung weiter gefasst, weil in der täglichen Praxis nicht nur der QM-Beauftragte für die Erreichung einer angemessenen Qualität und Kundenorientierung verantwortlich ist. Die primäre Verantwortung liegt also bei der Geschäftsführung, die diese nicht einfach an den QMB wegdelegieren kann. Insoweit ist die Verpflichtung, einen „Beauftragten der Leitung“ zu ernennen, gestrichen worden. Jedoch wird sich damit am heutigen Aufgabenspektrum der betrieblichen QM-Beauftragten in der täglichen Praxis wohl selten etwas ändern. Schließlich müssen die meisten Aufgaben auch unter der neuen Normenrevision weiterhin ausgeführt werden.

Neu in dieses Kapitel aufgenommen wurde die explizite Verpflichtung, dass Rollen, Verantwortlichkeiten und Befugnisse nicht nur bekannt gemacht, sondern von den Betroffenen auch verstanden werden müssen.

6 Planung

6.1 Maßnahmen zum Umgang mit Risiken und Chancen

ÜBEREINSTIMMUNG MIT DER ISO 9001:2008:
20 %
BISHERIGES NORMENKAPITEL:
Im Ansatz: Kap. 8.5.3 Vorbeugungsmaßnahmen
ÄNDERUNGEN:
Eine wesentliche Neuerung der ISO 9001:2015 ist die Verpflichtung, künftig eine bewusste Chancen- und Risiken-Betrachtung in das QM-System zu integrieren. Es geht in diesem Zuge darum, mögliche Ereignisse und Entwicklungen, die die Organisation tangieren (können), in ihrem Einfluss auf die eigene Leistungserbringung oder die Kundenzufriedenheit einzuschätzen und angemessen auf sie zu reagieren. Chancen und Risiken können dabei einen externen Bezug aufweisen (z. B. Marktentwicklung, Innovationen, interessierte Parteien, Lieferanten und Fremdfirmen) oder Ursachen haben, die die Organisation im Inneren beeinflussen (z. B. in Prozessen, Produkten, Dienstleistungen oder Ressourcen).

Die Norm fordert in diesem Kapitel zwar nur einen sog. „Risiko-basierten Ansatz" und verzichtet bewusst auf ein systematisches Risikomanagement.[1] Da Risiken im Zuge einer solchen „Light"-Version trotzdem strukturiert zu identifizieren, zu bewerten, zu minimieren und zu überwachen sind, wird auf die Grundzüge eines Risikomanagements allerdings kaum verzichtet werden können.

Ziel dieser Normenforderung ist es übrigens, den Fokus nicht allein auf die Risiken, sondern explizit auch auf Chancen zu legen, um diese, wo immer möglich, zu ergreifen.

[1] Vgl. Entwurf zur ISO 9001:2015, Anhang A.4, S. 46.

M. Hinsch, *Die neue ISO 9001:2015 in Kürze,* essentials,
DOI 10.1007/978-3-658-12233-1_6

6.2 Qualitätsziele und Planung zu deren Erreichung

ÜBEREINSTIMMUNG MIT DER ISO 9001:2008:
50 %
BISHERIGES NORMENKAPITEL:
Kap. 5.4.1 Qualitätsziele
ÄNDERUNGEN:
Die Qualitätsziele gewinnen an Bedeutung. Neu ist die (explizite) Pflicht zur periodischen Überwachung sowie ggf. Aktualisierung der Qualitätsziele. Dies sollte mindestens jährlich, z. B. im Zuge der Managementbewertung erfolgen. Die Ziele müssen dabei einen direkten oder indirekten Bezug zur Produkt- bzw. Dienstleistungskonformität oder zur Kundenzufriedenheit aufweisen.

Entsprechend Normenkap. 6.2.2 ist es künftig vorgeschrieben, die Zielverfolgung zu systematisieren. Die Qualitätsziele müssen dazu geplant werden, durch Festlegung

- der Aufgaben zur Zielerreichung,
- des Ressourcenbedarfs,
- der Verantwortlichkeiten,
- von Zielterminen,
- von Art und Umfang der Ergebniserreichung.

6.3 Planung von Änderungen

ÜBEREINSTIMMUNG MIT DER ISO 9001:2008:
50 %
BISHERIGES NORMENKAPITEL:
Kap. 5.4.2 b) Planung des QM-Systems
ÄNDERUNGEN:
Änderungen am QM-System dürfen explizit nur noch dann vorgenommen werden, wenn deren Planung und Umsetzung auf systematische Weise erfolgt. Dazu werden in der ISO 9001:2015 Faktoren konkret benannt, die bei Änderungen am QM-System zu berücksichtigen sind:

- Bewertung von Zweck und Konsequenzen der Änderung in Art und Umfang,
- Einfluss auf die Leistungsfähigkeit des QM-Systems,
- Berücksichtigung der vorhandenen Ressourcen,
- Festlegung der dazugehörigen Verantwortlichkeit und Befugnis,
- Dokumentation des Vorgehens (zum Zwecke der Nachweisführung).

7 Unterstützung

7.1 Ressourcen

7.1.1 Allgemeines

ÜBEREINSTIMMUNG MIT DER ISO 9001:2008:
100 %
BISHERIGES NORMENKAPITEL:
Kap. 6.1 Bereitstellung von Ressourcen
ÄNDERUNGEN:
Gegenüber dem äquivalenten Abschnitt in der 2008er-Revision beinhaltet dieses Normenkapitel keine für den betrieblichen Alltag nennenswerten Neuerungen. Auch für ein Zertifizierungsaudit sind im Normalfall keine Anpassungen am QM-System notwendig.

7.1.2 Personen

ÜBEREINSTIMMUNG MIT DER ISO 9001:2008:
100 %
BISHERIGES NORMENKAPITEL:
Kap. 6.2.1 Allgemeines (Personelle Ressourcen)
ÄNDERUNGEN:
Gegenüber dem äquivalenten Abschnitt in der 2008er-Revision beinhaltet dieses Normenkapitel keine für den betrieblichen Alltag nennenswerten Neuerungen. Auch für ein Zertifizierungsaudit sind im Normalfall keine Anpassungen am QM-System notwendig.

M. Hinsch, *Die neue ISO 9001:2015 in Kürze,* essentials,
DOI 10.1007/978-3-658-12233-1_7

7.1.3 Infrastruktur

ÜBEREINSTIMMUNG MIT DER ISO 9001:2008:
100 %
BISHERIGES NORMENKAPITEL:
Kap. 6.4 Infrastruktur abgebildet.
ÄNDERUNGEN:
Gegenüber dem äquivalenten Abschnitt in der 2008er-Revision beinhaltet dieses Normenkapitel keine für den betrieblichen Alltag nennenswerten Neuerungen. Auch für ein Zertifizierungsaudit sind im Normalfall keine Anpassungen am QM-System notwendig.

7.1.4 Umgebung zur Durchführung von Prozessen

ÜBEREINSTIMMUNG MIT DER ISO 9001:2008:
90 %
BISHERIGES NORMENKAPITEL:
Kap. 6.4 Infrastruktur abgebildet.
ÄNDERUNGEN:
Neu aufgenommen wurde die Angabe in der ANMERKUNG, dass zu einer angemessenen Arbeitsumgebung auch soziale Aspekte zählen, wie etwa Gleichbehandlung bzw. Verzicht auf Diskriminierung, Burn-Out-Vorbeugung oder Maßnahmen zur Stressminimierung.

7.1.5 Ressourcen zur Überwachung und Messung

ÜBEREINSTIMMUNG MIT DER ISO 9001:2008:
95 %
BISHERIGES NORMENKAPITEL:
7.6 Lenkung von Überwachungs- und Messmitteln
ÄNDERUNGEN:
Anstelle des Begriffs der Überwachungs- und Messmittel ist nun allgemein von Überwachung und Messung (im Sinne einer Tätigkeit) die Rede. Dadurch werden hier die Ressourcen für prüfmittellose Kontrolltätigkeiten als Überwachungs- und Messmethode aufgewertet und so stärker den Bedürfnissen von Dienstleistungsorganisationen Rechnung getragen. Denn während der Blickwinkel in den Zertifizierungsaudits bisher fast ausschließlich auf Prüfmittel (Geräte) gerichtet war, rücken künftig theoretisch auch Dokumente (z. B. Checklisten, Fotos, Schablonen),

Personalqualifikation und Tätigkeiten in den Vordergrund. Fraglich ist jedoch der Einfluss dieser Aufwertung auf den betrieblichen Alltag. Schließlich sind Anforderungen zur Prüfung der fortwährenden Angemessenheit von Dokumenten primär in Kap. 7.5 und für die des Prüfpersonals vor allem in Kap. 7.2 formuliert.

Entfallen ist die Notwendigkeit, die Eignung von Computersoftware zu bestätigen.

7.1.6 Wissen der Organisation

ÜBEREINSTIMMUNG MIT DER ISO 9001:2008:

0 %

BISHERIGES NORMENKAPITEL:

keines

ÄNDERUNGEN:

In Kap. 7.1.6 wird der Blickwinkel auf die Bedeutung des Organisationswissens gelenkt. Dieser Fokus wurde gänzlich neu in die Norm aufgenommen. Die in vielen Betrieben stiefmütterliche Behandlung der wertvollen Ressource *Wissen* soll damit der Vergangenheit angehören. Entsprechend der ISO 9001:2015 ist der Umgang mit Wissen zu systematisieren. So ist das notwendige Know-how zu identifizieren, zu vermitteln, zu bewahren, zu erweitern und zu aktualisieren sowie zu schützen. Hierzu bedarf es einer Überwachung und Steuerung des Wissens. Jede Organisation muss sich der Bedeutung der Ressource *Wissen* bewusst sein und, soweit angemessen, Antworten zum betrieblichen Umgang mit folgenden Wissensaspekten haben: Träger, Quellen, Aufrechthaltung, Aktualisierung, Transfer, Schutz, Vorsprung gegenüber Kunden und Wettbewerbern, Vorsprung von Lieferanten.

7.2 Kompetenz

ÜBEREINSTIMMUNG MIT DER ISO 9001:2008:

100 %

BISHERIGES NORMENKAPITEL:

Kap. 6.2.2 Fähigkeit, Bewusstsein und Schulung

ÄNDERUNGEN:

Gegenüber dem äquivalenten Abschnitt in der 2008er-Revision beinhaltet dieses Normenkapitel keine für den betrieblichen Alltag nennenswerten Neuerungen. Auch für ein Zertifizierungsaudit sind im Normalfall keine Anpassungen am QM-System notwendig.

Jedoch wurde die Notwendigkeit zur Schaffung eines angemessenen Bewusstseins von der Kompetenz abgetrennt und bildet fortan mit Kap. 7.3 einen eigenen Normenabschnitt.

7.3 Bewusstsein

ÜBEREINSTIMMUNG MIT DER ISO 9001:2008:
50 %
BISHERIGES NORMENKAPITEL:
Kap. 6.2.2 c) Fähigkeit, Bewusstsein und Schulung
ÄNDERUNGEN:
Das Bewusstsein der Mitarbeiter für Qualität gewinnt mit der ISO 9001:2015 durch ein eigenes Kapitel an Bedeutung. Das Personal soll sich des eigenen Handelns und dessen Auswirkungen bewusst werden. Ziel muss es sein, die Wichtigkeit und die Bestandteile eines funktionierenden QM-Systems in den Köpfen der Mitarbeiter zu verankern. Ausgangspunkt hierfür ist entsprechend Kap. 7.3 a) und b), dass die Mitarbeiter die Qualitätspolitik und die für sie relevanten Qualitätsziele kennen und verstanden haben. Darüber hinaus müssen alle Mitarbeiter wissen, welchen Qualitätsbeitrag sie selbst in der Wertschöpfungskette leisten. Nur so können sie sich ihres Handelns bewusst sein und ein Verständnis dafür entwickeln, welche Folgen eigene Schlechtleistung haben kann. Um eine solche Bewusstseinsbildung zu schaffen, sind üblicherweise Grundlagen der Kunden- und Prozessorientierung sowie des risikoorientierten Handelns notwendig. Voraussetzung hierfür ist, dass Wissen zu spezifischen Prozessen, Verfahren, Hilfsmittel und Vorgaben vermittelt wird.

Ein angemessenes Bewusstsein wird dabei nicht nur eigenen Mitarbeitern, sondern auch externem Personal abverlangt. Formal gilt diese Vorgabe unabhängig von der Dauer der Beschäftigung – also auch bei kurzzeitigem Aushilfspersonal.

7.4 Kommunikation

ÜBEREINSTIMMUNG MIT DER ISO 9001:2008:
90 %
BISHERIGES NORMENKAPITEL:
Kap. 5.5.3 Interne Kommunikation
ÄNDERUNGEN:

Während die Anforderungen an die Kommunikation bisher auf den internen Informationsaustausch begrenzt waren, richtet sich der Blickwinkel mit der 2015er-Normenrevision auch auf die Kommunikation gegenüber Externen (insbesondere Lieferanten). Zugleich sind die Kommunikationsstrukturen künftig klarer zu definieren. Die Anforderungen an Art und Umfang der Kommunikation (was, wann, wie, wer mit wem) müssen den Mitarbeitern bekannt sein. Dies erfordert zwar nicht notwendigerweise immer schriftlich niedergelegte Strukturen, wohl aber ein einheitliches Bild unter den Beteiligten.

7.5 Dokumentierte Information

7.5.1 Allgemeines

ÜBEREINSTIMMUNG MIT DER ISO 9001:2008:

75 %

BISHERIGES NORMENKAPITEL:

Kap. 4.2 Dokumentenanforderungen

ÄNDERUNGEN:

Mit der neuen Revision wurde für Dokumente und Nachweise der zusammenfassende Begriff der *dokumentierten Information* geschaffen. Zugleich sind die Anforderungen, die bisher an Dokumente und Nachweise gestellt wurden, in der neuen Normenrevision zusammengefasst worden und gelten nun wechselseitig. In ihrem Umgang stehen Dokumente und Nachweise nun unterschiedslos nebeneinander.

Die explizite Pflicht, ein QM-Handbuch zu führen und die bisher sechs vorgeschriebenen Verfahrensanweisungen[1] vorzuweisen, ist mit der ISO 9001:2015 grundsätzlich entfallen. Jedoch ist hier Vorsicht geboten. Denn auch weiterhin müssen Organisationen eine angemessene QM-Dokumentation und viele der bisher enthaltenen Informationen vorhalten (siehe hierzu ANMERKUNG in Normenkap. 7.5.1 sowie 4.4.2). Kein zertifizierter Betrieb, sei dieser noch so klein, wird also auch künftig auf sämtliche Dokumente und Nachweise (bzw. dokumentierte Informationen) verzichten können. Was das QMH anbelangt, sollte jede Organisation eine eventuelle Abschaffung wohl abwägen – insbesondere vor dem Hintergrund, dass zum Teil alternative Informationsquellen geschaffen werden müssen.

[1] Lenkung von Dokumenten, Lenkung von Aufzeichnungen, Interne Auditierung, Lenkung fehlerhafter Produkte sowie Korrektur- und Vorbeugungsmaßnahmen.

Wenngleich die Vorgaben zu Dokumentation und Nachweisen bzw. dokumentierten Informationen mit der neuen Normenausgabe vollständig überarbeitet und dabei in Struktur und Sprache quasi „auf den Kopf gestellt“ wurden, werden sich die Änderungen im betrieblichen Alltag im Normalfall nur in wenigen Organisationen bemerkbar machen. Inhaltlich hat sich in diesem Kapitel nämlich kaum etwas geändert. Dokumentierte Informationen als eine große Neuerung der ISO 9001:2015 zu bezeichnen, wie dies gelegentlich der Fall ist, führt insofern in die Irre.

8 Betrieb

8.1 Betriebliche Planung und Steuerung

ÜBEREINSTIMMUNG MIT DER ISO 9001:2008:
75 %
BISHERIGES NORMENKAPITEL:
Kap. 7.1 Planung der Produktrealisierung
ÄNDERUNGEN
Die bisherigen Anforderungen zur Planung der Leistungserbringung wurden im Wesentlichen mit neuer Wortwahl übernommen. Hinzugekommen ist einerseits die Vorgabe auch Risiken und Chancen (vgl. Kap. 6.1) im Rahmen der Planung zu berücksichtigen sowie andererseits sowohl geplante Änderungen als auch deren etwaige unbeabsichtigte Folgen zu steuern bzw. angemessen zu behandeln.

An dieser Stelle neu ist die Vorgabe, outgesourcte Prozesse (in früherer Revision Kap. 4.1 – QM-Kapitel) in einem Umfang entsprechend Kap. 8.4 (Kontrolle externer Leistungserbringung) zu steuern.

8.2 Anforderungen an Produkte und Dienstleistungen

8.2.1 Kommunikation mit dem Kunden

ÜBEREINSTIMMUNG MIT DER ISO 9001:2008:
90 %
BISHERIGES NORMENKAPITEL:
Kap. 7.2.3 Kommunikation mit dem Kunden
ÄNDERUNGEN

M. Hinsch, *Die neue ISO 9001:2015 in Kürze*, essentials,
DOI 10.1007/978-3-658-12233-1_8

Das Normenkapitel zur Kundenkommunikation hat sich nur unwesentlich geändert. Ergänzend zu den bisherigen Anforderungen ist künftig, sofern anwendbar, abzustimmen,

- wie mit Kundeneigentum umzugehen ist (z. B. Übergabe, Instandhaltung, Rückgabe, Dokumentationspflichten, Non-Disclosure-Agreement),
- ein Vorgehen für Notfälle (z. B. Ausfall von Ressourcen wie Geräte oder IT-Systeme).

8.2.2 Bestimmen von Anforderungen an Produkte und Dienstleistungen

ÜBEREINSTIMMUNG MIT DER ISO 9001:2008:
20 %
BISHERIGES NORMENKAPITEL:
Kap. 7.2.1 Ermittlung der Anforderung in Bezug auf das Produkt
ÄNDERUNGEN:
Die normenseitigen Vorgaben zur Ermittlung von Anforderungen an das Produkt oder die Dienstleistung haben eine neue zusätzliche Ausrichtung erhalten. Im Vordergrund steht nämlich zunächst nicht mehr die spezifische Kundenanforderung mit allen behördlichen, gesetzlichen oder sonstigen Einzelanforderungen. In diesem Normenabschnitt wird der Schwerpunkt zunächst auf die allgemeine Fähigkeit der Organisation gelegt, alle erforderlichen Anforderungen bestimmen und die eigenen Produkte bzw. Dienstleistungen anbieten zu können. Dazu muss die Organisation in der Lage sein, die Summe der Anforderungen an Produkt oder Dienstleistung unabhängig von deren Ursprung zu bestimmen (Kap. 8.2.2 a) und zugleich die Fähigkeit besitzen, diese grundsätzlich zu erfüllen (Kap. 8.2.2 b). So soll vermieden werden, dass leere Versprechungen bzw. unerfüllbare Anforderungen angeboten werden.

8.2.3 Überprüfung von Anforderungen an Produkte und Dienstleistungen

ÜBEREINSTIMMUNG MIT DER ISO 9001:2008:
95 %
BISHERIGES NORMENKAPITEL:
Kap. 7.2.1 Ermittlung von Anforderung in Bezug auf das Produkt

Kap. 7.2.2 Bewertung der Anforderung in Bezug auf das Produkt
ÄNDERUNGEN:
Dieser Normenabschnitt fasst die bisher in zwei getrennten Kapiteln formulierten Vorgaben zur Ermittlung und Bewertung der Anforderungen an das Produkt bzw. die Dienstleistung zusammen. Inhaltlich enthält dieses Kapitel keine für den betrieblichen Alltag relevante Neuerungen. Änderungen von Anforderungen an Produkte oder Dienstleistungen wurden in das neue Kap. 8.2.4 ausgegliedert.

8.2.4 Änderung von Anforderungen an Produkte und Dienstleistungen

ÜBEREINSTIMMUNG MIT DER ISO 9001:2008:
100 %
BISHERIGES NORMENKAPITEL:
Kap. 7.2.2 Bewertung der Anforderung in Bezug auf das Produkt
ÄNDERUNGEN:
Zwar wurde dieses Normenkapitel gänzlich neu eingefügt, der Inhalt jedoch ist altbekannt und vollständig dem bisherigen Kap. 7.2.2 entnommen.

8.3 Entwicklung von Produkten und Dienstleistungen

8.3.1 Allgemeines

ÜBEREINSTIMMUNG MIT DER ISO 9001:2008:
100 %
BISHERIGES NORMENKAPITEL:
Kap. 7.3.1 (nur 1. Satz) Entwicklungsplanung
ÄNDERUNGEN:
Gegenüber der alten Norm beinhaltet dieser Abschnitt keine für den betrieblichen Alltag nennenswerten Neuerungen. Auch für ein Zertifizierungsaudit sind im Normalfall keine Anpassungen am QM-System notwendig.

8.3.2 Entwicklungsplanung

ÜBEREINSTIMMUNG MIT DER ISO 9001:2008:
75 %

BISHERIGES NORMENKAPITEL:
Kap. 7.3.1 Entwicklungsplanung
ÄNDERUNGEN:
Das Kapitel zur Entwicklungsplanung wurde mit der Normenrevision gänzlich neu strukturiert und formuliert. Inhaltlich wurde der Text jedoch nur punktuell geändert bzw. präzisiert. So sind Entwicklungsprojekte nicht mehr nur allgemein zu planen, sondern künftig in Hinblick auf Art, Dauer und Umfang zu steuern (8.3.2 a). Darüber hinaus sind auch weiterhin

- die Phasen des Entwicklungsprozesses zu planen und zu steuern,
- Verifizierungen und Validierungen im Rahmen der Entwicklungstätigkeiten zu bestimmen,
- Verantwortlichkeiten und Befugnisse zu definieren sowie
- Schnittstellen zu managen.

Explizit neu aufgenommen wurde die Anforderung 8.3.2 j), demgemäß Nachweise vorzuhalten sind, aus denen hervorgeht, dass die Entwicklungsvorgaben realisiert wurden. Eine angemessene Nachweisführung war jedoch schon in der alten Norm allgemein vorgeschrieben, so dass diese neue Normen-Verpflichtung keinen Änderungsbedarf im betrieblichen Alltag nach sich ziehen sollte.

Gänzlich neu aufgenommenen wurde die Anforderung 8.3.2 g), wonach Kunden oder Nutzergruppen, wo immer sinnvoll, in die Entwicklung einzubeziehen sind.

Zudem ist deren erwarteter Überwachungsumfang zu antizipieren und in der Planung des Entwicklungsprozesses zu berücksichtigen. Die Schnittstellenplanung gewinnt somit an Bedeutung.

8.3.3 Entwicklungseingaben

ÜBEREINSTIMMUNG MIT DER ISO 9001:2008:
75 %
BISHERIGES NORMENKAPITEL:
Kap. 7.3.2 Entwicklungseingaben
ÄNDERUNGEN:
Neu ist, dass Entwicklungsanforderungen von wesentlicher Bedeutung zu Beginn einer Entwicklung festgelegt sein müssen. Mit diesem Zusatz wird die Norm

besser der betrieblichen Praxis gerecht, da viele Anforderungen erst im Laufe der Entwicklung zum Vorschein treten. Ebenfalls erstmalig in der ISO 9001 enthalten, ist die Vorgabe, dass neben gesetzlichen und behördlichen Anforderungen auch Normen und Verfahrensstandards festzulegen sind und damit Bestandteil der Entwicklungsinputs bilden müssen.

Jenseits dieser produkt- bzw. dienstleistungsbezogenen Entwicklungsbestandteile besteht künftig die Verpflichtung, potenzielle Fehlerarten und deren Auswirkungen bei den zu entwickelnden Produkten und Dienstleistungen, z. B. mittels FMEA Analysen, soweit wie möglich zu antizipieren und zu elimieren (Kap. 8.3.3 e).

8.3.4 Entwicklungssteuerung

ÜBEREINSTIMMUNG MIT DER ISO 9001:2008:

85 %

BISHERIGES NORMENKAPITEL:

- 7.3.4 Entwicklungsbewertung
- 7.3.5 Entwicklungsverifizierung
- 7.3.6 Entwicklungsvalidierung

ÄNDERUNGEN:

Die Vorgaben zur Entwicklungsbewertung, zur Entwicklungsverifizierung und -validierung wurden mit der Norm lediglich punktuell modifiziert und zum Kapitel der Entwicklungssteuerung zusammengefasst.

Die bisherigen Vorgaben zur Entwicklungsbewertung finden sich in Kap. 8.3.4 b) wieder. Fortan reicht es aus, Entwicklungsziele zu definieren und Entwicklungsprüfungen planmäßig und somit kontrolliert zu überwachen und zu steuern. Die Anforderungen zur Entwicklungsverifizierung und -validierung sind in Kap. 8.3.4 c) und d) kompakt aufgeführt ohne sich mit der neuen Norm in ihrem Wesen geändert zu haben. Zu den hier aufgeführten Aktivitäten sind dokumentierte Informationen (d. h. Nachweis- und ggf. auch Vorgabedokumente) anzufertigen.

8.3.5 Entwicklungsergebnisse

ÜBEREINSTIMMUNG MIT DER ISO 9001:2008:
100 %
BISHERIGES NORMENKAPITEL:
Kap. 7.3.3 Entwicklungsergebnisse
ÄNDERUNGEN:
Gegenüber der alten Norm beinhaltet dieser Abschnitt keine für den betrieblichen Alltag nennenswerten Neuerungen. Auch für ein Zertifizierungsaudit sind im Normalfall keine Anpassungen am QM-System notwendig.

8.3.6 Entwicklungsänderungen

ÜBEREINSTIMMUNG MIT DER ISO 9001:2008:
95 %
BISHERIGES NORMENKAPITEL:
7.3.7 Entwicklungsänderungen
ÄNDERUNGEN:
Das Kapitel zu Entwicklungsänderungen wurde mit der Normenrevision deutlich umformuliert. Dabei ist der Normeninhalt im Ergebnis weitestgehend identisch geblieben. Neu indes ist die Präzisierung der Dokumentationsanforderungen gem. der Auflistung a) – d) dieses Normenkapitels. Danach sind dokumentierte Informationen (d. h. Vorgaben oder Nachweise) mindestens zu den Änderungen selbst, zu den zugehörigen Bewertungen, zu den Genehmigungsbedingungen sowie zu Maßnahmen gegen unerwünschte Vorkommnisse anzufertigen.

8.4 Kontrolle von extern bereitgestellten Prozessen, Produkten und Dienstleistungen

Die ISO 9001:2015 wird dem zunehmenden Trend gerecht, dass in vielen Organisationen immer größere Teile der Wertschöpfung zugekauft werden. Die Anforderungen des Kap. 8.4 zielen daher nicht mehr wie bisher allein auf den Zukauf von Produkten ab, sondern sind explizit auch auf den Einkauf von Prozessen und Dienstleistungen sowie die Lenkung von Arbeitsverlagerungen ausgerichtet. Dazu wurden punktuell sprachliche Anpassungen notwendig. So ist der Begriff *Beschaffung* durch *Bereitstellung* ersetzt worden. Zudem wurde der Begriff der *externen Anbieter* eingeführt.[1] Unter diesem werden fortan alle Zulieferer von Produkten und Dienstleistungen subsumiert, z. B. Lieferanten, Subunternehmer bzw. Dienstleister für ausgelagerte Prozesse, Fremdfirmen, verbundene Unternehmen, wie z. B. Tochter-, Schwester- oder Muttergesellschaften (außerhalb des eigenen Zertifizierungsumfangs). Neu ist auch die Gleichstellung eingekaufter Dienstleistungen und Produkte. Diese wurde in den letzten Jahren im Zertifizierungsalltag jedoch längst praktiziert, so dass es sich hier mehr um eine formale Neuerung handelt.

8.4.1 Allgemeines

ÜBEREINSTIMMUNG MIT DER ISO 9001:2008

60 %

BISHERIGES NORMENKAPITEL:

Kap. 7.4.1 Beschaffungsprozess

ÄNDERUNGEN:

Im Zuge der Lieferantenüberwachung hat es eine hilfreiche Neuformulierung gegeben: Hier wurden jene Anforderungen klarer gefasst, die die Überwachungspflicht externer Anbieter festlegen. Danach besteht diese Vorgabe bei solchen Lieferanten,

a) welche Leistungen zuliefern, die in das angebotene Produkt oder die Dienstleistung der Organisation einfließen. Nicht betroffen sind also solche Zulieferer, die z. B. für eine Steuerberatungsgesellschaft die Fenster reinigen oder Büromaterial liefern.
b) die im Auftrag der Organisation Leistungen beim oder für den Kunden ausführen, z. B. Paketboten, die als Subcontractor für einen Paketdienstleister tätig sind.
c) die ausgelagerte Prozesse für die Organisation übernommen haben (outgesourcte Teile der eigenen Wertschöpfung).

8.4.2 Art und Umfang der Kontrolle

ÜBEREINSTIMMUNG MIT DER ISO 9001:2008:

80 %

BISHERIGES NORMENKAPITEL:

[1] Im Folgenden werden die Begriffe externer Anbieter und Lieferant synonym verwendet.

Kap. 7.4.3 Verifizierung von beschafften Produkten
ÄNDERUNGEN:

Die Organisation als Auftraggeber muss sicherstellen, dass fremdvergebene Leistungen eine Qualität aufweisen, die es ihr erlaubt, volle Verantwortung für das Produkt oder die Dienstleistungen zu übernehmen. Die Organisation darf sich also wie bereits schon in der Vergangenheit nicht allein auf Qualitätszusagen des Unterauftragnehmers verlassen.

Auch weiterhin müssen Organisationen zugelieferte Produkte und Dienstleistungen in einem angemessenen Umfang kontrollieren. Jedoch wurden die Anforderungen an Art und Umfang der Kontrolle klarer gefasst. Diese ergeben sich entsprechend Kap. 8.4.2 c) aus

1. der Art der Produkte oder des auszuführenden Leistungspakets,
2. den Erfahrungen der Organisation mit seinem externen Anbieter.

Formal ebenfalls neu ist, dass sich die Kontrollanforderungen nicht mehr nur explizit auf Produkte beziehen, sondern auch auf Dienstleistungen und outgesourcte Prozesse anzuwenden sind. Im Zertifizierungsalltag dürfte diese Ausweitung indes kaum eine Rolle spielen, da die überwiegende Mehrheit der Auditoren bereits in der Vergangenheit die gleichen Anforderungen an eingekaufte Dienstleistungen wie Produkte gelegt haben.

8.4.3 Informationen für externe Anbieter

ÜBEREINSTIMMUNG MIT DER ISO 9001:2008:
80 %
BISHERIGES NORMENKAPITEL:
Kap. 7.4.2 Beschaffungsangaben
Kap. 7.4.3 Verifizierung von beschafften Produkten
ÄNDERUNGEN

Dieses Normenkapitel formuliert Anforderungen an Beschaffungsangaben, die 9001-zertifizierte Organisationen gegenüber eigenen Lieferanten (bzw. externen Anbietern) formulieren müssen. Im Vordergrund steht dabei zunächst die Beschreibung der zu erbringenden Leistung (Kap. 8.4.3 a) einschließlich zugehöriger Freigabeanforderungen (Kap. 8.4.3 b), weil dadurch das zu beschaffende Produkt bzw. die Leistung gegenüber dem Lieferanten eindeutig definiert wird. Die Normenanforderung 8.4.3 e) wurde neu aufgenommen, Kap. 8.4.3 f) wurde modifiziert übernommen. Danach muss die Organisation definieren, welche Steuerungs-, Überwachungs- und Prüfaktivitäten beabsichtigt sind (Kap. 8.4.3 e). Darüber hinaus müssen diese, sofern sie während der externen Leistungserbringung beim Lieferanten durchgeführt werden, nicht mehr nur festgelegt, sondern diesem auch mitgeteilt werden (Kap 8.4.3 f).

8.5 Produktion und Dienstleistungserbringung

8.5.1 Steuerung der Produktion und Dienstleistungserbringung

ÜBEREINSTIMMUNG MIT DER ISO 9001:2008

90 %

BISHERIGES NORMENKAPITEL:

Kap. 7.5.1 Lenkung der Produktion und Dienstleistungserbringung

Kap. 7.5.2 Validierung der Prozesse zur Produktion und zur Dienstleistungserbringung

ÄNDERUNGEN:

Neu in die ISO 9001:2015 aufgenommen wurde die Anforderung g) der Aufzählung im Kap. 8.5.1, wonach Maßnahmen zur Vorbeugung von menschlichen Fehlern zu ergreifen sind. Hiermit findet erstmals das wichtige Feld der Human Factors im Normentext Berücksichtigung. Da in jeder Organisation Menschen arbeiten, die Fehler begehen, lässt sich dieser Unterpunkt nur schwerlich als „nicht zutreffend" übergehen.

Die Vorgabe zur Validierung spezieller Prozesse bildet kein eigenes Normenkapitel mehr, sondern findet sich bei reduzierten Anforderungen in der Auflistung unter Punkt 8.5.1 f)

8.5.2 Kennzeichnung und Rückverfolgbarkeit

ÜBEREINSTIMMUNG MIT DER ISO 9001:2008:

95 %

BISHERIGES NORMENNORMENKAPITEL:

Kap. 7.5.3 Kennzeichnung und Rückverfolgbarkeit

ÄNDERUNGEN:

Diese Normenanforderung ist in der ISO 9001:2015 explizit auch auf Dienstleistungen anzuwenden. Hierzu wurde die neue Begrifflichkeit der Prozessergebnisse als Synonym für Produkte und Dienstleistungen in den verschiedenen Fertigstellungsgraden eingeführt.

Der erste Satz des Normenkapitels 8.5.2 stiftet übrigens Verwirrung. Zertifizierte Organisationen sind stets verpflichtet, die Konformität ihrer Produkte und Dienstleistungen sicherzustellen!

8.5.3 Eigentum der Kunden oder der externen Anbieter

ÜBEREINSTIMMUNG MIT DER ISO 9001:2008:
90 %
BISHERIGES NORMENNORMENKAPITEL:
Kap. 7.5.4 Eigentum des Kunden
ÄNDERUNGEN:
Neben Kundeneigentum umfasst der Anwendungsbereich dieser Normenforderung fortan auch die Berücksichtigung des Eigentums von externen Anbietern. Im Hinblick auf fremdes Eigentum stehen Kunden und Lieferanten in der ISO 9001:2015 damit gleichberechtigt nebeneinander.

8.5.4 Erhaltung

ÜBEREINSTIMMUNG MIT DER ISO 9001:2008:
80 %
BISHERIGES NORMENKAPITEL:
Kap. 7.5.5 Produkterhaltung
ÄNDERUNGEN:
Die bisherige Produkterhaltung wurde auf die Dienstleistungserbringung ausgedehnt. Dementsprechend steht nicht mehr nur der Produkterhalt im Vordergrund, sondern – weiter gefasst – die Aufrechterhaltung der Prozessergebnisse.

8.5.5 Tätigkeiten nach der Auslieferung

ÜBEREINSTIMMUNG MIT DER ISO 9001:2008
50 %
BISHERIGES NORMENKAPITEL:

Kap. 7.5.1 f)

ÄNDERUNGEN:

In der ISO 9001:2015 wurden After-Sales-Anforderungen durch Ausgliederung in ein eigenes Normenkapitel aufgewertet. Zugleich sind die Vorgaben, die nach der Auslieferung einzuhalten sind, präzisiert worden. Weiterhin gelten diese Anforderungen nur „soweit zutreffend" und richten sich nach dem betrieblichen Produktportfolio bzw. Dienstleistungsspektrum. Tätigkeiten nach Auslieferung können dabei durch den Kunden bzw. den Vertrag, durch den Gesetzgeber oder durch interessierte Parteien (z. B. Kunden von Kunden) ausgelöst werden. Bei Tätigkeiten nach der Auslieferung kann es sich z. B. handeln um

- Erfüllung von Gewährleistungen oder Leistungsüberwachungen (Vertragsanforderungen),
- Bearbeitung von Garantien oder Reklamationen,
- Aufrechterhaltung der Kommunikation, z. B. Informationen zu aktuellen Entwicklungen, im Nachgang zum Auftrag identifizierte auftretende Chancen und Risiken (vertraglich fixierte Erwartungshaltung der Kunden)
- Einhaltung gesetzlicher oder behördlicher Auflagen (z. B. Sicherheitsanforderungen, Überwachungen).

8.5.6 Überwachung von Änderungen

ÜBEREINSTIMMUNG MIT DER ISO 9001:2008:

0 %

BISHERIGES NORMENKAPITEL:

Keines

ÄNDERUNGEN:

Änderungen im allgemeinen Organisationsablauf bzw. bei der Produkt- und Dienstleistungserbringung müssen fortan explizit strukturiert angegangen werden.[2] Der Blickwinkel richtet sich dabei auf solche Änderungen, die Einfluss auf die Konformität der Produkte und Dienstleistungen nehmen oder die sonstige Zusagen gegenüber dem Kunden tangieren (z. B. zugesagte Liefertermine). Dabei kann es sich z. B. um folgende Änderungen handeln:

[2] In der Norm werden lediglich die Begriffe „beurteilen" und „überwachen" verwendet, aus denen sich keine aktiven Maßnahmen der Änderungslenkung bzw. der Problembehebung ableiten lassen. Dies ist jedoch der Übersetzung zu schulden. Im englischen Originaltext ist von „control", d. h. steuern/beherrschen die Rede.

- Anschaffung einer neuen Maschine,
- Wechsel eines Lieferanten,
- Änderung des Produktions- oder Dienstleistungsablaufs,
- ungewöhnlich weitreichender IT-Ausfall oder Datenverlust,
- kurzfristige Einsteuerung umfangreicher Aufträge oder Auftragsänderungen.

In diesen und weiteren Fällen ist sicherzustellen, dass Änderungen bzw. notwendige Gegensteuerungsmaßnahmen vor ihrer Realisierung in Art, Umfang und Auswirkungen bewertet, ggf. Maßnahmen/Aktivitäten abgeleitet und anschließend deren Wirksamkeit überprüft werden.

Zum letztlich gewählten Vorgehen sind Nachweise aufzubewahren, um so die Entscheidungsfindung und Umsetzung für Dritte nachvollziehbar zu machen.

8.6 Freigabe von Produkten und Dienstleistungen

ÜBEREINSTIMMUNG MIT DER ISO 9001:2008

100 %

BISHERIGES NORMENKAPITEL:

Kap. 8.2.4 Überwachung und Messung des Produktes

ÄNDERUNGEN:

Gegenüber der alten Norm beinhaltet dieser Abschnitt keine für den betrieblichen Alltag nennenswerten Neuerungen. Zwar wurde der Text wesentlich geändert, jedoch handelt es sich hier primär um redaktionelle Anpassungen, die im Normalfall auch für Zertifizierungsaudits keine Anpassungen am QM-System erfordern.

8.7 Steuerung nichtkonformer Ergebnisse

ÜBEREINSTIMMUNG MIT DER ISO 9001:2008:

90 %

BISHERIGES NORMENKAPITEL:

Kap. 8.3 Lenkung fehlerhafter Produkte

ÄNDERUNGEN:

Ergänzt wurden zwei Vorgaben, die bisher ohnehin schon von vielen Organisationen erfüllt wurden:

- Die Pflicht zur Verifizierung von Produkt oder Dienstleistung nach dessen Korrektur,
- Die Vorgabe, bestimmte Nachweise zu Nichtkonformitäten zu führen (vgl. Kap. 8.7.2).

Die Notwendigkeit, ein dokumentiertes Verfahren vorzuhalten, ist zwar mit der ISO 9001:2015 entfallen. Aus Gründen des Selbstschutzes einer Organisation greift hier jedoch üblicherweise Normenkapitel 7.5.1 b) bzw. Kap. 4.4.2, wonach dokumentierte Informationen vorzuhalten sind, wann immer dies für die Prozesssteuerung oder Nachvollziehbarkeit notwendig ist.

9 Bewertung der Leistung

9.1 Überwachung, Messung, Analyse und Bewertung

9.1.1 Allgemeines

ÜBEREINSTIMMUNG MIT DER ISO 9001:2008:
90 %
BISHERIGE NORMENKAPITEL:

- Kap. 8.2.3- Überwachung und Messung von Prozessen
- Kap. 8.2.4 - Überwachung und Messung des Produktes

ÄNDERUNGEN:
Mit der ISO 9001:2015 wurden die Vorgaben an die Überwachung und Messung konkretisiert. So sind Überwachungs- und Messaktivitäten insbesondere in Hinblick auf Methodik sowie Zeitpunkt bzw. Ort zu definieren (siehe Aufzählung a – d).

9.1.2 Kundenzufriedenheit

ÜBEREINSTIMMUNG MIT DER ISO 9001:2008:
100 %
BISHERIGES NORMENKAPITEL:
Kap. 8.2.1 - Kundenzufriedenheit
ÄNDERUNGEN:

M. Hinsch, *Die neue ISO 9001:2015 in Kürze*, essentials,
DOI 10.1007/978-3-658-12233-1_9

Gegenüber der alten Norm beinhaltet dieser Abschnitt keine für den betrieblichen Alltag nennenswerten Neuerungen. Auch für ein Zertifizierungsaudit sind im Normalfall keine Anpassungen am QM-System notwendig.

9.1.3 Analyse und Beurteilung

ÜBEREINSTIMMUNG MIT DER ISO 9001:2008:
95 %
BISHERIGES NORMENKAPITEL:
Kap. 8.4 - Datenanalyse
ÄNDERUNGEN:
Neu ist eine insgesamt stärkere Betonung auf Analysen *und* Beurteilungen, die faktenbasierte Situationsbeurteilungen und Entscheidungsfindungen ermöglichen. Inhaltlich sind künftig zudem auch Risiken und Chancen in die Analysen und Beurteilungen einzubeziehen. Gegenüber der alten Norm beinhaltet dieser Abschnitt für den betrieblichen Alltag ansonsten kaum nennenswerte Neuerungen. So dürften sich aus diesen Normenänderungen auch für die meisten Zertifizierungsaudits keine Anpassungen am QM-System ableiten.

9.2 Internes Audit

ÜBEREINSTIMMUNG MIT DER ISO 9001:2008:
95 %
BISHERIGES NORMENKAPITEL:
Kap. 8.2.2 - Internes Audit
ÄNDERUNGEN:
Es ist nicht länger explizit vorgeschrieben, für die interne Auditierung ein dokumentiertes Verfahren vorzuhalten. Darüber hinaus beinhaltet dieser Abschnitt gegenüber der alten Norm keine für den betrieblichen Alltag nennenswerten Neuerungen. Auch für ein Zertifizierungsaudit sind im Normalfall keine Anpassungen am QM-System notwendig.

9.3 Managementbewertung

ÜBEREINSTIMMUNG MIT DER ISO 9001:2008:
80 %

BISHERIGES NORMENKAPITEL:
Kap. 5.6 - Managementbewertung
ÄNDERUNGEN:
Die Anforderungen an Art und Zweck der Managementbewertung haben sich mit der ISO 9001:2015 leicht geändert. So sind einige Vorgaben mit strategischer Ausrichtung hinzugekommen. Managementbewertungen müssen künftig folgende neue Themenfelder umfassen:

- Abgleich des QM-Systems mit der strategischen Ausrichtung der Organisation,
- Wichtige interne und externe Entwicklungen mit potenziellem Bezug zum QM-System, insbesondere auch übergeordnete Veränderungen,
- Berücksichtigung von Chancen und Risiken,
- Bewertung der eingesetzten Ressourcen,
- Bewertung der Zielerreichung,
- Bewertung von Entwicklungen bei Lieferanten (externen Anbietern) und interessierten Parteien.

10 Verbesserung

10.1 Allgemeines

ÜBEREINSTIMMUNG MIT DER ISO 9001:2008:

95 %

BISHERIGES NORMENKAPITEL:

- Kap. 5.2 Kundenzufriedenheit
- Kap. 8.1 Messung, Analyse und Verbesserung – Allgemeines
- Kap. 8.5.1 Ständige Verbesserung

ÄNDERUNGEN:

Die ISO 9001:2015 verlangt explizit, Verbesserungen mit dem Ziel der Erhöhung der Kundenzufriedenheit vorzunehmen. In dieser Klarheit ist diese Normenforderung neu. Die Ansatzpunkte dazu können Produkte, Dienstleistungen, unerwünschte Entwicklungen (z. B. Nichtkonformitäten) oder das QM-System bilden. Da jedoch auch die alte Norm in mehreren Abschnitten grundsätzlich zur Verbesserung aufforderte, enthält dieses Kap. 10.1 keine für den betrieblichen Alltag nennenswerten Neuerungen. Auch für ein Zertifizierungsaudit sind im Normalfall keine Anpassungen am QM-System notwendig.

10.2 Nichtkonformitäten und Korrekturmaßnahmen

ÜBEREINSTIMMUNG MIT DER ISO 9001:2008:

80 %

BISHERIGES NORMENKAPITEL:

Kap. 8.5.2 Korrekturmaßnahmen

M. Hinsch, *Die neue ISO 9001:2015 in Kürze,* essentials,
DOI 10.1007/978-3-658-12233-1_10

ÄNDERUNGEN

Zukünftig ist bei Non-Konformitäten oder Korrekturmaßnahmen zu prüfen, ob diese auch an anderer Stelle der Organisation aufgetreten sind oder entstehen können. Diese Gefahr kann sich auch auf andere Produkte, Dienstleistungen, Prozesse, Mitarbeiter, Maschinen, etc. beziehen.

Grundsätzlich ist die Verpflichtung, ein dokumentiertes Verfahren vorzuhalten, entfallen. Da Organisationen jedoch nach wie vor ein nachvollziehbares Vorgehen für die Fehlerbehebung vorweisen müssen, sollte auf eine zugehörige Prozessbeschreibung auch künftig nicht verzichtet werden.

Im Hinblick auf die Nachweisführung sind die Anforderungen an dokumentierte Informationen im Zuge von Nichtkonformitäten und Korrekturen formal gestiegen. Während bisher nur Aufzeichnungen zu den Ergebnissen angefertigt werden mussten, sind mit der ISO 9001:2015 auch Informationen zur Art der Nichtkonformität und den abgeleiteten Maßnahmen zu dokumentieren (10.2.2 a). In vielen Organisationen wurden diese Daten (z. B. mittels 8D Report) jedoch auch schon in der Vergangenheit erhoben.

10.3 Fortlaufende Verbesserung

ÜBEREINSTIMMUNG MIT DER ISO 9001:2008:

100 %

BISHERIGES NORMENKAPITEL:

Kap. 8.5.1 Ständige Verbesserung

ÄNDERUNGEN:

Gegenüber dem äquivalenten Abschnitt in der 2008er-Revision beinhaltet dieses Normenkapitel keine für den betrieblichen Alltag nennenswerten Neuerungen. Auch für ein Zertifizierungsaudit sind im Normalfall keine Anpassungen am QM-System notwendig.

Was Sie aus diesem Essential mitnehmen können

- Kenntnisse um die grundlegenden Merkmale und Schwerpunkte der neuen ISO 9001:2015
- Basiswissen über den inhaltlichen Aufbau der neuen Norm, insbesondere zur neuen High-Level Structure
- Das Wissen um die neuen oder geänderten Normenanforderungen in Ihr QM-System zu übertragen.
- Eine Interpretation wichtiger oder unklarer Neuerungen und Änderungen
- Verständnis für die neuen Begriffe und Definitionen

M. Hinsch, *Die neue ISO 9001:2015 in Kürze*, essentials,
DOI 10.1007/978-3-658-12233-1

Literatur

Deutsches Institut für Normung e.V.: DIN EN ISO 9001:2015 Qualitätsmanagementsysteme – Anforderungen, Berlin 2015.
Hinsch, M.: Die neue ISO 9001:2015 – Ein Praxis-Ratgeber für die Normenumstellung. Heidelberg, Berlin 2015.

M. Hinsch, *Die neue ISO 9001:2015 in Kürze*, essentials,
DOI 10.1007/978-3-658-12233-1

Printed in the United States
By Bookmasters